EXERCICES

SUR LA

PHYSIQUE

GENERALE ET PARTICULIERE,

Sur le Calcul différentiel & intégral, sur la Méchanique, l'Astronomie, la Gnomonique, le Calendrier, l'Economie Animale, la Chymie & la Physique Expérimentale.

Dans la Salle des Actes du College d'Amiens, depuis quatre heures d'après midi jusqu'a six.

Le Lundi 11 Août 1777,

En préfence & fous les aufpices de MONSEIGNEUR *& Messieurs Administrateurs du College d'Amiens*

Par 

Honoré *TEMPEZ*, de Bouquemaifon.
Louis *PETIT*, Tonfuré, d'Acquet.
Charles—André *DELIGNIERES*, Tonfuré, de Chepy en Vimeu

A AMIENS,

De l'Imprimerie de L. C. CARON, rue & vis-à-vis St. Martin.

M. DCC. LXXVII.

CEs Exercices feront terminés par une suite raifonnée d'Experiences
curieufes & intéreffantes fur ce qu'on appelle l'Air fixe, l'Air ni-
reux, l'Air inflammable, l'Air phlogiftiqué & dephlogiftiqué... &c. genre
d'Experiences tout-à-fait nouveau, qui eft plus merveilleux peut-être
& certainement cent fois plus fécond en applications utiles à l'humanité
que toutes celles qu'on a faites jufqu'à préfent fur la Lumiere, fur le fluide
Magnetique, fur le fluide Electrique... &c. genre d'Experiences varié
à l'infini qui ouvre un champ immenfe à des recherches nouvelles &
fublimes, aux découvertes les plus avantageufes, aux fuccès les plus
brillans; genre d'Experiences nullement difficile & difpendieux, mais
à la portée de tout le monde, qui eft plus du reffort de la Chymie que
de la Phyfique expérimentale où il a pris naiffance, & qui va unir
d'un lien vraiment indiffoluble ces deux fciences à la Phyfique proprement dite; genre d'Experiences enfin qui fera époque & révolution
dans l'etude de la nature, & démontrera à jamais la fageffe & la
néceffité des préceptes que donnoit, il y a cent cinquante ans, le grand
Bacon dans fon *Inftauratio magna.*

*Quamobrem, fi qua eft ergà Creatorem humilitas, fi qua operum
ejus reverentia & magnificatio, fi qua charitas in homines, fi ergà
neceffitates & ærumnas humanas revelandas ftudium, fi quis amor veri-
tatis in naturalibus & odium tenebrarum & intellectûs purificandi defide-
rium; orandi funt homines iterùm atque iterùm, ut miffis philofophiis
iftis volaticis & præpofteris, quæ thefes hypothefibus antepofuerunt &
experientiam captivam duxerunt, atque de operibus Dei triumpharunt,
fubmiffe, & cum veneratione quâdam, ad volumen creaturarum ob-
volvendum accedant; atque in eo moram faciant, meditentur, & ab
opinionibus abluti & mundi, caftè & integrè verfentur. -- in Interpretatione
ejus eruendà nulli operæ parcant, fed ftrenuè procedant, perfiftant,
immoriantur.*

A

MONSEIGNEUR

ET

MESSIEURS

ADMINISTRATEURS

DU COLLEGE D'AMIENS;

Comme une foible marque de la très-vive reconnoissance & du respect très-profond, dont seront toujours pénétrés envers leurs premiers Bienfaiteurs

HONORÉ TEMPEZ, *de Bouquemaison.*
JEAN-LOUIS PETIT, Tonsuré, *d'Aquet.*
CHARLES-ANDRÉ DELIGNIERES, Tonsuré,
de Chepy en Vimeu.
ET TOUTE LA CLASSE DE PHYSIQUE.

ÉXERCICES

DE

PHYSIQUE.

PRÉLIMINAIRES.

DE L'ALGEBRE INFINITÉSIMALE.

NOUS appellons de ce nom le calcul différentiel & le calcul intégral. Le premier descend de l'expression des quantités variables à celle de leur élément, de leur accroissement ou de leur diminution instantanée ; le second remonte de l'expression de cet élément à celle des quantités mêmes. Nous dirons de vive voix quelque chose de l'origine & de la métaphysique du calcul différentiel, de ce nouveau genre de calcul qui honorera à jamais Newton & Leibnitz, & qui, a en juger par le peu que nous avons vu, est tout-à-fait merveilleux & très-digne que nous y revenions un jour. Sait-on une fois que $d'(a + bx - cy) = o + bdx - cdy$; & que $d'xy = xdy + ydx$; bientôt on saura différentier une quantité algébrique, quelle qu'elle soit $x\, y\, \zeta,\ x,\ \overset{m}{\overline{y}},\ \overset{x}{\gamma}{}^{m}_{x},\ \overset{m}{\gamma}{}^{n}\ acx - x^{n} \ldots$ &c. bien facilement alors démontrera-t-on la formule du binôme de Newton, que nous présentons ensuite, pour la commodité du calcul, sous cette forme $\dfrac{m}{a+b} = \dfrac{m}{a} + \dfrac{mPb}{a} + \dfrac{m-1}{2}\dfrac{Pb}{a} + \dfrac{m-2}{3}\dfrac{Pb}{a} \ldots$ &c.

DE LA MÉTHODE DIRECTE DES TANGENTES.

Le triangle de Barrow nous a donné la formule générale des Sous-tangentes $\dfrac{y\,dx}{dy}$ & celle des Sous-normales $\dfrac{y\,dy}{dx}$. A l'aide de ces Formules, nous trouvons aisément ce que valent la Sous-tangente & la Sous-normale dans la Parabole, dans le Cercle, l'Ellipse, l'Hyperbole aux axes & aux Asymptôtes, dans ces courbes élevées à un ordre supérieur, & dont l'équation générale seroit $\left(\dfrac{by}{a}\right)^{m+n} = a \overset{\pm}{\underset{-}{x}}{}^{m} X_{x}^{n}$.

DE LA MÉTHODE DE MAXIMIS ET DE MINIMIS.

Entr'autres problêmes de ce genre, voici ceux qu'il nous a été donné de résoudre. De *Maximis*, 1°. trouver la plus grande ordonnée au cercle, à l'ellipse, aux cercles & aux ellipses des genres supérieurs ; 2°. sur une ligne

A

donnée, construire le plus grand triangle-rectangle possible : 3°. couper un nombre quelconque en deux parties telles que le produit des puissances données de ces parties, soit le plus grand de tous. De *Minimis*, 1°. d'un point pris dans l'axe ou hors de l'axe d'une courbe quelconque, déterminer la ligne la plus courte qu'il soit possible de conduire à cette courbe : 2°. dans un angle donné & par un point aussi donné de position, faire passer une ligne qui fasse avec les deux côtés de cet angle le plus petit triangle possible ; 3°. trouver l'angle le plus petit que puissent former les diametres conjugués d'une ellipse ; 4°. déterminer l'angle des lozanges que les abeilles doivent former, & forment en effet pour clorre leurs alvéoves, en leur donnant, avec la plus petite dépense possible de cire, la plus grande capacité possible.

DU CALCUL INTÉGRAL.

Ce calcul va tout au rebours du calcul différentiel. Nous en avons vu les loix les plus élémentaires & quelques usages que voici. L'intégrale de l'élément $y\,dx$ nous a donné la surface du triangle, celle de la parabole, des paraboles des genres supérieurs, du cercle de l'ellipse de l'hyperbole ; enfin de la famille des hyperbolles rapportées aux asymptotes. $\frac{S\,cy}{r}\int\sqrt{dx^2+dy^2}$ nous a fourni la valeur des surfaces courbes du cône & de la sphere ; $S\,\frac{cydx}{2\,r}$, la cubature du cône, de la sphere, du paraboloïde, de l'ellipsoïde, du fuseau & du chapeau hyperbolique. A peine avons-nous vu quelque chose de la rectification des courbes & de la *méthode inverse des tangentes* ... &c.

DU CALCUL DES LOGARITHMES.

Ce calcul est toujours utile & très-souvent nécessaire, dans les recherches de longue haleine ou de profonde spéculation. C'est pourquoi nous n'avons pu nous refuser à la tentation d'en voir la nature, l'origine, les principes, l'excellence & quelques usages. Nous avons aussi appris à construire les tables ordinaires des logarithmes en procédant ainsi. Donnons-nous le long d'une asymptote hyperbolique des abcisses qui soient en progression géométrique, les espaces asymptotiques correspondans, en seront les logarithmes. En ce cas, $ydx = d.lx$; & conséquemment, $\frac{Adx}{x} = d.lx$ faisant $x = \frac{1+z}{1-z}$, alors $d.lx = 2\,Ad\,z \times \overline{1, +z^2 +z^4 +z^6 ...}$ donc $lx = 2\,A \times \overline{z + \frac{z^3}{3} + \frac{z^5}{5}}$: donc le même nombre x peut avoir une infinité de logarithmes différens. Faisons d'abord le module $A = 1$, nous aurons $lx = 2 \times \overline{z + \frac{z^3}{3} + \frac{z^5}{5}}$ .... Avec cette formule, nous calculerons aisément les logarithmes hyperboliques des nombres premiers ; & ces premiers logarithmes une fois trouvés, nous fourniront plus facilement encore les logarithmes de tous les autres nombres. Ainsi aurons-nous la suite des *logarithmes naturels* de Nepper, que nous rappellerons après aux *logarithmes tabulaires* de Briggs..... pour sentir l'utilité des tables des logarithmes, il nous a suffi d'avoir à répondre aux questions suivantes :

1°. Est-il vrai qu'un Particulier qui jouiroit aujourd'hui de 20000 liv. de rente, doive jouir au bout de 100 ans, d'une rente de plus de 236000 liv. supposé que, par une administration économe de ses revenus, ils les augmente chaque année d'un quarantieme seulement ?

2°. Est-il vrai que des seuls trois enfans de Noé & de leurs trois femmes, ait pu sortir un milion d'hommes au bout de 200 ans, supposé que le genre humain se fût accru d'un seizieme tous les ans ? La santé robuste & les longs jours de nos premiers parens, nous permettent de faire pour ces temps-là une pareille supposition.

3°. Supposé que la population augmentât dans cette Province d'un centieme tous les ans, est-il vrai qu'à chaque époque de 231 ans, le peuple dut s'y trouver dix fois plus nombreux qu'à l'époque précédente ?

4°. Est-il vrai que ce Royaume se trouveroit, au bout de 100 ans, deux fois plus peuplé qu'il ne l'est actuellement, si la population y augmentoit seulement d'un cent quarante-quatrieme tous les ans ?

5°. On a tiré d'un tonneau une pinte de vin, que l'on a remplacée par une pinte d'eau. On a tiré de ce tonneau, ainsi rempli, une seconde pinte, que l'on a encore remplacée par une nouvelle pinte d'eau, & ainsi de suite jusqu'à ce que le vin qui restoit dans le tonneau, ait été réduit au tiers de ce qu'il y avoit d'abord. Combien de pintes a-t-il fallu tirer pour cela ?

6°. Combien restoit-il de soldats à ce brave Commandant qui, soutenant le siege d'une place serrée de près depuis long-temps, écrivoit à un Ingénieur de ses amis : le nombre de soldats qui me restent, divisés par celui des Officiers, donnera pour quotient un nombre double de celui des Officiers eux-mêmes ; & si vous calculez autant de termes de cette progression 1 : 2 : 4 ... qu'il y a d'Officiers dans la place : le dernier terme vous donnera le nombre des soldats qui me reste.

7°. En supposant, avec M. Bouguer, que dix pieds d'eau de mer affoiblissent la lumiere dans le rapport de $\frac{5}{2}$, comment prouve-t-on qu'à la profondeur d'environ 311 pieds en mer, la lumiere du soleil est 300,000 fois plus foible qu'à la surface de la terre, & par conséquent qu'elle est aussi foible, aussi peu intense que la lumiere qui est réfléchie par la pleine lune.

PHISIQUE GÉNÉRALE.

On peut réduire toute la Physique générale à deux points, qui sont la connoissance de la Matiere, & celle du Mouvement.

DE LA MATIERE.

EN quoi consiste précisément l'essence de la matiere ? Question métaphysique trop au-dessus de nos forces, pour que nous essayions de la résoudre. La matiere de tous les corps est-elle homogene ? C'est aux Chymistes à répondre ici, & sans doute ils seront encore long-temps à le faire. Quelles sont du moins les propriétés de la matiere ? Il en est de deux sortes. Les unes, que nous appellons *qualités méchaniques*, existent véritablement dans tous les corps ; telles sont l'étendue, la figure, la solidité, la porosité, la divisibilité.... Nous en parlerons dans la Physique expérimentale. Les autres, connues sous le nom de *qualités sensibles*, n'appartiennent point en propre à la matiere ; & cependant nous les attribuons à tous les corps. De ce genre sont les couleurs, les sons, les odeurs, les saveurs.... Elles n'existent que dans notre ame, & nullement dans les objets. De leur union se forme, au dedans de nous-mêmes, un spectre singulier, qui est sans étendue, sans dimension, & qui cependant est tout-à-la-fois & tout entier, peint de mille couleurs différentes, froid, chaud, doux, amer.... Lorsque je promene, par exemple, mes regards sur une vaste campagne, Dieu affecte mon ame de mille sensations différentes ; & je puis dire, avec vérité, que mon ame voit sa propre substance, là & par-tout où elle voit de la lumiere & des couleurs ; c'est en elle-même qu'elle voit le jaune, le verd, le blanc, le violet.... l'émail des prairies, l'azur des cieux, en un mot, le spectacle ravissant de cet univers.... Mais bientôt, par un préjugé dont les Physiciens ont jusqu'à présent cherché vainement la cause, elle se dépouille de toutes les couleurs qui la modifient ; les répand sur les objets qu'elle considére, & donne à ces couleurs des dimensions qu'elles n'ont point : ces dimensions imaginaires sont exactement les mêmes que les dimensions réelles des corps qui sont autour de moi ; & c'est ainsi que j'entre en relation avec tout ce qui m'environne. On peut raisonner à-peu-près de même sur les autres sensations. Tout ceci demande des preuves & des développemens que nous ne pouvons donner que de vive voix.

DU MOUVEMENT.

LE monde visible une fois créé, Dieu le conserve & le renouvelle sans cesse par les loix les plus simples & les plus universelles : ces loix sont celles du mouvement tant *virtuel* que *réel* ; d'où la *Statique* & la *Dinamyque* sous le nom général de *Méchanique*. Ici donc se présentoit à nos recherches une théorie aussi étendue que savante ; mais nous l'avons remise à un autre temps, & nous avons cru que c'étoit assez, pour le présent, de voir les loix du mouvement simple & uniforme, les loix du mouvement uniformément accéléré, les loix du mouvement autour d'un centre.... les loix du mouvement réfracté, & celle du mouvement réfléchi.... les loix du choc direct des corps durs & des corps élastiques. Relativement à ceux-ci, nous avons démontré en passant, 1°. Que la somme des forces vives est la même après qu'avant le choc ; 2°. que pour avoir un *maximum* de vitesse communiquée de proche en proche, il faut une serie de corps élastiques décroissants en progression géométrique.

DE L'ÉQUILIBRE DANS LES MACHINES.

NOUS avons auſſi entamé quelque choſe du *mouvement virtuel*, c'eſt-à-dire, de l'équilibre dans les machines, ſoit ſimples, ſoit compoſées. Abſtraction faite du frottement des corps, du poids des matieres employées, & de la roideur des cordes, nous ſavons maintenant qu'il *y aura équilibre toutes les fois que la puiſſance ſera à la réſiſtance* dans le levier, en raiſon inverſe des perpendiculaires abaiſſées du point d'appui ſur les directions de la puiſſance & de la réſiſtance, pourvu que ces directions & celle du point d'appui ſoient toutes trois dans un même plan. . . .

Dans *la poulie de renvoi*, comme l'unité eſt à l'unité. . . . Dans *la poulie mobile*, comme le ſinus de la moitié de l'angle formé par la direction des cordes eſt au ſinus de l'angle entier, &, par conſéquent, comme le rayon de la poulie eſt à la ſouſtendante de l'arc enveloppé par la corde, & lorſque les directions ſont paralelles. : : 1 : 2. . . .

Dans *le tour*, treuil & cabeſtan, comme le rayon de l'axe ou du tambour eſt à celui de la grande roue ou du levier qui en fait l'office. . . .

Sur *le plan incliné*, comme la perpendiculaire abbaiſſée du point de contact ſur la direction verticale de la réſiſtance eſt à la perpendiculaire tirée du même point de contact ſur la direction de la puiſſance : & conſéquemment lorſque la direction de la puiſſance eſt la plus avantageuſe poſſible, c'eſt-à-dire, paralelle au plan, comme la hauteur du plan eſt à ſa longueur. . . .

Dans *la vis*, comme la hauteur du pas eſt à la circonférence décrite par l'extrémité du levier employé à faire tourner la vis.

Dans *les moufles*, lorſque les cordes ſont paralelles, comme l'unité eſt au nombre des cordes qui tirent la moufle mobile.

Dans *un ſyſtéme des poulies mobiles égales* & ſoutenues ſéparément, les cordes étant paralelles, comme l'unité eſt à 2 élevé à la puiſſance qui exprime le nombre des poulies mobiles.

Dans *le cric ſimple*, comme le rayon du pignon eſt au bras de la manivelle.

Dans *le cric compoſé*, ainſi que dans les roues dentées, comme le produit des rayons des pignons, & au produit des rayons des grandes roues. . . .

Dans *la vis ſans fin*, comme le rayon du cylindre multiplié par la hauteur du pas de la vis, eſt au rayon de la roue multiplié par la circonférence que décrit la puiſſance appliquée à la manivelle. . . .

Et nous avons fait, en paſſant, quelques remarques ſur les différentes eſpeces de leviers, ſur la balance ordinaire, ſur la balance romaine, le peſon danois, la vis d'Archimede, mais ſur tout ſur la balance arithmétique, &c. &c.

PHYSIQUE PARTICULIERE.

Nous comprenons, ſous ce titre, la connoiſſance des cieux, celle du corps humain, celle enfin du globe que nous habitons ; d'où l'Aſtronomie, l'Economie animale, la Chymie, & la Phyſique expérimentale.

DE L'ASTRONOMIE OPTIQUE.

L'ASTRONOMIE eſt la ſcience du mouvement des aſtres, de leur ſituation, de leur diſtance & de leur grandeur. Les mouvemens que l'on croit remarquer dans les aſtres, ſont-ils réels, ne ſont-ils qu'apparens ? Pour répondre ici, on a imaginé pluſieurs ſyſtêmes. Les principaux ſont celui de Ptolomée, celui de Copernic & celui de Ticho-Brahé. Le premier & le dernier de ces ſyſtêmes nous paroiſſent inſoutenables. Il n'en eſt pas de même de celui de Copernic, que nous embraſſons volontiers, à cauſe de ſa ſimplicité, & parce qu'il ſatisfait tellement aux obſervations aſtronomiques, qu'il paroît être moins une hypotheſe, que la découverte de la conſtruction réelle de l'univers. Quoi de plus facile que d'expliquer, dans ce

fyftême , le mouvement journalier & périodique du foleil , celui des planettes , des cometes &
de tout le firmament , l'accélération des étoiles , la préceffion des équinoxes , l'inégalité des
jours , la différence des faifons , les phafes de la lune , de vénus ; de mercure … les ftations ,
les directions & rétrogradations des planettes , foit fupérieures , foit inférieures.

Après avoir confidéré les différentes fituations de la lune , par rapport au foleil , fes diverfes
phafes & les circonftances de temps & de lieux dont elles font accompagnées , nous avons
cherché quelle pouvoit être en général la caufe des éclipfes. … & , fans trop approfondir la
théorie qui fe préfentoit à nous , & qui feule nous auroit occupés pendant plufieurs mois , nous
nous fommes contentés d'apprendre 1°. pourquoi il n'y a point (comme on fe le perfuade d'abord ,
& comme il arrive à l'égard des trois premiers fatellites de jupiter) éclipfe de foleil à chaque nouvelle
lune , & éclipfe de lune , toutes les fois que celles-ci eft pleine ; 2°. pourquoi dans une année trois
éclipfes de lune ou de foleil , & dans une autre , aucune abfolument ; 3°. pourquoi , les éclipfes
de foleil pouvant être plus fréquentes que les éclipfes de lune , nous voyons fouvent celles - ci ,
rarement celles-là ; 4°. pourquoi l'ombre de la lune , lors d'une éclipfe de foleil , parcourt , fur
la furface de la terre , douze lieues ou environ , dans l'efpace d'une minute , & , par conféquent , va quatre fois plus vîte qu'un boulet de canon ; 5°. pourquoi les circonftances de l'immerfion ,
& par conféquent celles de l'émerfion , font différentes par rapport à la lune , & différentes par
rapport au foleil ; 6°. comment on s'y prend pour mefurer la longeur du cône d'ombre formé
par la terre , & le diamettre qu'il a à la diftance de la lune ; 7°. pourquoi une éclipfe de lune peut
refter totale pendant deux heures , & durer en tout quatre heures ; au contraire , pourquoi
l'éclipfe du foleil n'eft jamais totale pendant plus de cinq minutes , & ne dure guerre plus de deux
heures en tout ; 8°. pourquoi enfin , lors d'une éclipfes de lune , le foleil & la lune paroiffent quelquefois tous deux fur l'horizon. Nous avons vu quelque chofe des parallaxes ; qu'entend-on par - là ?
Y a - t - il plufieurs efpeces de parallaxes ? Toutes les planettes ont - elles des parallaxes de hauteur ?
Comment s'y prend-on pour les découvrir ? Quels en font les ufages ? Comment détermine-t-on
les diftances de la lune à la terre ; de la terre , au foleil ; du foleil aux autres planettes ? Comment
trouve-t-on les diametres des planettes , & leur rapport avec celui de la terre ? Comment en infere-t-on
les furfaces & les folidités de la lune , du foleil , de vénus , de mars , de jupiter & de faturne ? Comment détermine-t-on en temps moyen , les révolutions périodiques des planettes fupérieures , &
les révolutions fynodiques des planettes inférieures ? Comment prouve-t-on que la lune , vénus ,
le foleil , mars & jupiter ont un mouvement de rotation fur leur axe ?

DE LA GNOMONIQUE.

LA Gnomonique eft l'art de faire des cadrans. Faire un cadran , c'eft repréfenter fur un plan , par
l'ombre d'un ftyle , ou autrement , la marche du foleil , le cours des heures , & la fuite du
temps. Veut-on entendre la pratique des cadrans ? Il faut néceffairement fe rappeller les principes
qui concernent l'interfection des plans ; il faut fe repréfenter le lieu & la fituation refpective des
grands & petits cercles de la fphere ; reconnoître ces deux vérités , l'une tirée de l'optique , que
l'ombre contrefait exactement tous les pas de la lumiere , & l'autre déduite des obfervations aftronomiques , qu'il y a une telle diftance de la terre au foleil qu'on peut , confidérer , dans ce rapport ,
notre globe entier comme un point , & conféquemment qu'on peut fans erreur fenfible , prendre
l'extrémité d'un ftyle , ou la boule au tour de laquelle on obferve la révolution du foleil , pour la
terre elle-même , & pour le centre commun de tous les grands cercles de fa fphere. Nous avons
appris à tracer une méridienne , à y marquer l'entrée du foleil dans les douze fignes du zodiaque ,
à connoître la hauteur du pole , l'élévation de l'équateur fur l'horizon , la déclinaifon & l'inclinaifon
d'un plan quelconque. Quant à la conftruction des cadrans eux - mêmes , rien de plus facile que
la defcription géométrique du cadran équinoxial , & rien auffi de plus propre à mettre en évi-
dence la théorie & la pratique des autres cadrans : nous nous fommes donc fervis de ce cadran élémentaire dans la conftruction du cadran oriental ou occidental … dans celles du cadran
polaire , du cadran horifontal , & du cadran méridional ou feptentrional. Il eft très - rare de
rencontrer des plans qui répondent exactement à l'un des quatre point cardinaux. Prefque toutes
nos murailles déclinent du midi ou du feptentrion , vers l'orient ou vers l'occident. C'eft pourquoi

nous nous fommes arrêtés fur la pratique des cadrans qu'on appelle *irréguliers*. Enfin, les plans fur lefquels on opere, font-ils déclinans & inclinés ? nouvelle difficulté fans doute, & que nous avons encore effayé de réfoudre, toujours fondés fur la théorie lumineufe du cadran équinoxial. Le temps ne nous a point permis de pouffer plus loin nos recherches gnomoniques, & nous avons fini par l'examen d'une efpece de cadran univerfel, le meilleur en fon genre, & auquel on a donné le nom d'*anneau aftronomique*.

DU CALENDRIER.

ON appelle Calendrier cette diftribution de tems que les hommes ont accommodée à leurs ufages. Les parties élémentaires du tems font les heures, les jours, les femaines, les mois & les années ; on y a encore ajoûté, à divers reprifes, le cycle folaire, le nombre d'or, les épactes, autrefois les olympiades, les luftres, depuis, l'indiction romaine, la période de Denis le Petit, la période julienne, le nouveau cycle lunaire, la période louife. . . . On diftingue encore aujourd'hui les heures aftronomiques, babiloniennes, italiques & communes ; le jour artificiel ; naturel, civil & aftronomique . . . . les femaines hébraïques & chrétiennes ; les mois lunaires & folaires, aftronomiques & civiles . . . . les années lunaires & folaires, tropiques & civiles, communes & biffextiles, juliennes & grégoriennes ; la grande année des Egyptiens, celle des Mahométans . . . . toutes différences qui annoncent une diverfité, plus ou moins grande, dans le Calendrier des différentes nations de la terre. Nous nous fommes appliqués particuliérement à connoître le Calendrier Romain, le feul qui foit en ufage parmi nous : nous en avons vu avec plaifir l'origine, la conftruction & les changemens faits fucceffivement par Numa-Pompilius, par Jules-Céfar ; & enfin par les foins de Denis le Petit, dans le fixieme fiecle de l'ere chrétienne. Ce dernier croyoit avoir fixé fans retour, & pour la fuite des fiecles, les nouvelles lunes de Mars, & par ce moyen, le tems auquel on devoit célébrer la Pâques, felon l'intention du Concile de Nicée. Il fe trompoit ; la préceffion des équinoxes, & celle des nouvelles lunes, caufoient deux erreurs fenfibles. Le fouverain Pontife Grégoire XIII réfolut de corriger pour le préfent, & de prévenir, pour la fuite, l'une & l'autre erreur. C'eft pourquoi, 1°, il retrancha dix jours au mois d'Octobre 1582, & ftatua que déformais, les quatre centiemes années demeurant biffextiles, les trois premieres années centenaires ne le feroient plus, à commencer en 1700 inclufivement. 2°. il fubftitua au nombre d'or le cycle des épactes, qui concile heureufement la métemptofe avec la proemptofe, comme il eft aifé de s'en affurer, en jettant un coup d'œil fur la table étendue des épactes. Ainfi devint perpétuel, autant qu'on pouvoit le défirer, le Calendrier dont nous nous fervons actuellement, & fi connu fous le nom de *Calendrier Grégorien*.

Ces notions, & autres femblables, une fois reçues, il fera facile de réfoudre les problêmes fuivans.

1°. L'année de l'ere chrétienne étant donnée, trouver le cycle folaire, le nombre d'or, l'indiction romaine, l'année de la période victorienne & julienne, du nouveau cycle lunaire.

2°. L'année de la période victorienne, ou de la période julienne, étant donnée, trouver pareillement les cycles nommés ci-deffus.

3° Depuis 625, trouver l'épacte julienne, & depuis 1582, trouver l'épacte grégorienne pour une année quelconque.

4°. Trouver l'âge de la lune pour tous les jours de l'année.

5°. Déterminer la lune pafchale.

6°. Trouver la lettre dominicale ; trouver auffi à quelle férie de la femaine tombe le premier jour de chaque mois de l'année.

7°. Quand eft arrivé ou quand arrivera le jour de Pâques.

8°. Déterminer les limites au delà defquelles on ne peut célébrer le jour de Pâques.

9°. Enfin, le jour de Pâques étant trouvé, la diftribution des fêtes de l'année n'a plus rien qui doive embarraffer.

DE L'ASTRONOMIE PHYSIQUE.

TOUTE l'Aftronomie phyfique eft à-peu-près renfermée dans les célebres *Principes* de Newton. Nous n'avons pu qu'effleurer ici la théorie fublime que ce Grand Homme y expofe. C'eft pourquoi nous avons vu succinctement les loix de Kepler, les loix de l'attraction rélativement aux masses & aux distances, les tourbillons simples & composés, ou, ce qui revient au même, le système de l'impulsion. Et nous nous sommes dit : « On découvre, tout les jours, de nouvelles » cometes qui se fraient, dans les cieux, des routes nouvelles & en tout sens. Vers quelque » région qu'elles aillent, elles ont un mouvement très-rapide : donc le plein des Carthésiens n'a » pas lieu : donc on doit admettre le vuide des Newtoniens : donc le système de l'impulsion doit » faire place à celui de l'attraction.

En effet, supposons pour un moment, avec l'illustre Newton, que Dieu ait créé, dans l'immensité du vuide, tous ces grands corps que nous voyons rouler si majestueusement sur nos têtes, que sa sagesse ait établi une loi générale de gravitation mutuelle qui agisse en raison composée de la directe des masses & de l'inverse du quarré des distances ; enfin, que Dieu ait projetté, sous différens angles, à différentes distances & vers différents points du ciel, les planetes & les comètes, autour du soleil, avec une vitesse proportionelle à la force d'attraction actuelle ; alors chacun de ces corps décrira une ellipse plus ou moins allongée autour du centre commun de gravité ; le soleil occupera sensiblement le foyer de toutes ces ellipses : pendant un intervalle de tems assez considérable, les planetes retraceront dans les cieux la même route ; elles conserveront leur mouvement de rotation sur elles-même & le parallélisme de leur axe ; de-là, l'excentricité de l'orbite des planetes, l'immobilité apparente de leurs aphélies & de leurs nœuds, la rétrogradation presqu'insensible, mais réelle, & la progression un peu plus grande de leurs aphélies, la rétrogradation plus ou moins sensible de leurs nœuds. Ce que nous venons de dire, en parlant des aphélies, ne convient qu'aux planettes inférieures à saturne, puisque le contraire arrive à l'égard de cette derniere planette ; ce qui soigneusement observé est devenu le triomphe du Newtonianisme ; de-là encore, la dispersion des apsides vers tous les points du ciel ; delà, l'observation des loix de Kepler pour toutes les planetes, si on en excepte (a) la lune ; delà, les fréquentes apparitions & la prompte disparition des cometes, l'inclinaison de leur orbite, la direction de leur course, leur barbe, leur chevelure & leur queue ; delà, la direction sensible des apogées de la lune, la retrogradation non moins sensible de ses nœuds, ses inégalités en tout genre ; delà, enfin, la précession des équinoxes, l'aberration des étoiles fixes, leur nutation, ou plus exactement la nutation de l'axe de la terre produite par l'action de la lune ; le mouvement général de la latitude céleste, ou la diminution de l'obliquité de l'écliptique, les changemens propres & particuliers à quelques étoiles, telle qu'*Arcturus*, *Sirius*, *Aldebaran*, *Rigel*, &c. & pour finir par des faits plus sensibles, les inégalités prodigieuses de la comete de 1759, dont la derniere révolution s'est trouvée de 585 jours plus longue que la précédente, suivant le calcul des attraction de jupiter & de saturne ; les inégalités des satellites de jupiter ; l'applatissement de jupiter & de la terre ; l'attraction des montagnes sur le pendule ; les différens phénomenes de tems & de lieux des marées, la chûte des corps graves sur la terre ; la réfraction elle-même des rayons de la lumiere au passage oblique d'un milieu dans un autre milieu de densité différente.

L'explication heureuse de ces phénomenes, & de mille autres de même nature, qui jusqu'à présent paroissoient absolument incompréhensibles, donne un grand air de vérité au système de l'attraction : nous embrasserons donc ce système, comme nous avons embrassé celui de Copernic, & nous finirons cet article, en faisant observer que Newton a dû, la balance à la main, déterminer les masses & les densités, respectives des Planettes, afin d'en conclure, avec précision, l'intensité des troubles que ces grands corps peuvent, à leur rencontre, exercer les uns sur les autres. Sa méthode étoit aussi facile qu'ingénieuse, & nous l'avons apprise avec plaisir.

DE L'ÉCONOMIE ANIMALE.

NOUS nous proposons d'examiner ici, en peu de mots, quelles sont les différentes parties, quelles sont aussi les différentes fonctions de cette machine merveilleuse à laquelle nous

---

(a) Exception qui favorise encore le système de Newton.

fommes fi étroitement unis, & que tout le monde connoît fous le nom de *Corps humain*. Eft-il, pour un Phyficien, de connoiffance plus intéreffante.

On ne reconnoît actuellement que deux fortes de parties dans les corps de l'homme ; favoir, les *folides* & les *fluides*.

1°. On range dans la claffe des folides, les *os*, les *cartilages*, les *tendons*, les *membranes*, les *vaiffeaux*..... On croit affez univerfellement que toutes ces parties tirent leur origine d'une feule & même partie très-élaftique, qu'on appelle *fibre premiere*, laquelle, au rapport du célebre *de Haller*, a la forme d'un cheveu ou d'un petit cylindre, & réfulte de parties terreftres, unies entr'elles par un efpece de *gluten* compofé d'huile & d'eau. Outre l'élafticité qui convient à toutes ces fibres, avant & après la mort, on reconnoît encore, dans celles qui font fenfibles & irritables, une action particuliere nommée *tonique*, qui exifte ou augmente fans aucune tenfion précédente, & qui périt avec l'animal. Quelle eft la caufe de l'élafticité & du ton des fibres ? c'eft ce qu'il ne nous eft pas donné d'expliquer.

2°. On divife les fluides en plufieurs claffes : dans la premiere claffe font renfermées les *humeurs nutritives*, le *chyle*, le *fang* & la *lymphe* : dans la feconde, les *humeurs récrémentitielles*, la *falive*, le *fuc gaftrique*, le *fuc pancréatique*, la *bile*, quelquefois la *graiffe*, &c.... dans la troifieme, les *humeurs excrémentitielles*, la *matiere de la tranfpiration*, celle de la *fueur*, le *muous du nez*, le *cerumen des oreilles*, les *larmes* : dans la quatrieme enfin, les humeurs qu'on regarde comme *neutres* ; telles font les *humeurs renfermées dans le globe de l'œil*, la *graiffe*, la *moëlle*, la *fynovie*.

Les fonctions du corps de l'homme font de trois efpeces. On appelle *fonctions vitales*, celles qui font abfolument néceffaires à l'entretien de la vie animale ; telles font la *refpiration*, la *circulation du fang* & *des autres humeurs*.

On appelle *fonctions naturelles*, celles qui, comme la *digeftion* ou la *chylification*, l'*hématofe* ou *fanguification*, la *fecrétion*, la *nutrition*.... font néceffaires, finon à chaque inftant, du moins de temps à autre, pour la confervation & l'accroiffement du corps.

On appelle enfin *fonctions animales*, l'exercice des fens, par le miniftere defquels l'ame eft avertie de tout ce qui fe paffe autour d'elle, & entre en communication avec tous les êtres de l'univers.

Après ces généralités, nous fommes entrés dans quelques détails, & nous avons commencé par la connoiffance du fquelette. Nous avons adopté la diftribution des os faite par M. *Lecat*, & nous comptons avec lui foixante os à la tête, foixante au tronc, foixante aux extrémités fupérieures, & foixante aux extrémités inférieures. Si l'on ajoûte à ces os l'*os hyoïde*, les *os féfamoïdes*, & les *os vormiens*, on aura un dénombrement complet des parties les plus dures & les plus folides de notre corps, de ces parties, dis-je, dont l'ufage eft de foutenir la machine, de contenir & de garantir les vifceres & les organes, ou de fervir à quelqu'action. Nous avons vu rapidement la ftructure, tant intérieure qu'extérieure, de chacun de ces os, leurs connexions entr'eux, c'eft-à-dire, leurs différentes efpeces d'articulation & de fymphife ; & nous avons fini cet article par l'examen des trois principaux fyftêmes qu'on a imaginés fur la formation des os. Les uns, ce font les partifans du premier fyftême, parmi lefquels on doit, fur-tout, diftinguer *Boerrhaave* & le Docteur *de Haller* : ayant remarqué que différens fluides s'épaiffiffent peu-à-peu, & parviennent infenfiblement jufqu'à former des folides, n'admettent, pour la formation des os, qu'un feul & même fuc gélatineux, qui prend fucceffivement différens degrés de confiftance. M. *Duhamel*, auteur du fecond fyftême, y fait intervenir le périofte, & veut que fes lames deviennent fucceffivement offeufes, à-peu-près comme les feuillets de ce qu'on appelle le *livre* dans l'écorce des arbres, s'endurciffent & deviennent bois à leur tour. Vient enfin M. *Hériffant*, qui, par des expériences délicates & répétées avec foin, à découvert que les os font compofés de quatre fubftances différentes ; 1°. d'un parenchyme vraiment cartilagineux ; 2°. d'une fubftance purement terreufe & cretacée ; 3°. d'un fuc vifqueux & mucilagineux, qui colle intimement la fubftance cretacée à la fubftance cartilagineufe ; 4°. enfin, d'un tiffu cellulaire & membraneux, qui eft une production du périofte. En conféquence de ce fyftême, on explique facilement les altérations affez fréquentes, qui

arrivent

arrivent à la fubftance des os, & entr'autres, le ramolliffement complet qu'on obferva à Paris, en 1752, dans la perfonne de la femme *Supiot*.

Le périofte eft une membrane extrêmement fenfible, qui recouvre & accompagne tous les os jufques dans les articulations exclufivement. Nous venons de voir que cette fubftance envoie des productions dans l'intérieur des os, fans doute pour y porter les fluides nourriciers, qui les vivifient, & qui forment le *calus* fi propre à la réunion des parties fracturées.

Les *mufcles*, ou les puiffances motrices des différentes parties du corps de l'homme, ne font que ce que le peuple connoît fous le nom de *chair* dans les animaux. Le mufcle en général eft fait de l'affemblage de plufieurs fibres qui font plus refferrées vers les extrémités qu'au milieu. On diftingue, dans un mufcle, fon ventre, lequel n'eft pas toujours au centre de la figure, & fes extrémités, connues fous le nom de *tête* & de *queue*, & qu'on appelle *tendons*, lorfqu'elles fe terminent en cordons, & *aponévrofes*, lorfqu'elles s'épanouiffent fous la forme de membranes. Le temps ne nous a pas permis d'étendre nos recherches fur cet objet, non plus que fur les fuivans. Auffi avons-nous paffé la nomenclature des mufcles, & vu très-fuperficiellement les principaux fyftêmes qu'on a imaginés pour expliquer l'action mufculaire.

Le *cœur* eft de tous les mufcles celui qui mérite le plus notre attention. Ce mufcle eft creux; il a la figure d'un cône : il eft renfermé dans un fac membraneux, connu fous le nom de *péricarde*. Le *cœur* & le *péricarde* font placés dans la duplicature du *médiaftin*, membrane qui divife la poitrine en deux *cavités*. Les fibres du cœur font entrelacées & croifées entr'elles, de la maniere la plus propre à exécuter les mouvemens de *fyftole* & de *diaftole* fi néceffaires à la vie.

Le cœur eft divifé intérieurement par le *feptum medium*, efpece de cloifon charnue, en deux cavités, plus longues que larges, nommées *ventricules*. Il eft furmonté de deux oreillettes, efpece de facs, en partie charnus, en partie membraneux, unis entr'eux par une cloifon interne, à laquelle on remarque l'empreinte du *trou bottal*, & quelquefois auffi le *trou bottal* affez négligemment fermé. Les oreillettes, diftinguées en *droite* & en *gauche*, ou mieux en *antérieure* & en *poftérieure*, recoivent le fang que leur rapportent les veines *cave* & *pulmonaires*, le font paffer au ventricule droit & gauche, qui le diftribuent, à leur tour, dans toutes les parties du corps, par l'*aorte* & l'*artere pulmonaire*. Nous avons fuivi, jufqu'à un certain point, les divifions & fous-divifions des *veines* & des *arteres*, les routes de la circulation du *fang*, & fes principaux avantages.

Pendant cette circulation, la maffe du fang diminue & s'appauvrit par la *tranfpiration*, les *fecrétions* & la *nutrition*; mais auffi elle répare fes pertes, par la *digeftion*, la *refpiration* & la *circulation* elle-même. Nous allons dire un mot de chacune de ces fonctions.

1°. La tranfpiration eft une excrétion prefqu'infenfible, mais univerfelle, qui fe fait par les pores de toute l'habitude du corps. Ces pores font en fi grand nombre, & l'excrétion devient fi abondante, avec le temps, que, fi les alimens que l'on prend en un jour, péfent huit livres, la perte qu'on en fait par la tranfpiration, monte, au rapport de *Sanctorius*, jufqu'à cinq livres, dans les pays chauds.

2°. Pour expliquer comment s'operent les fecrétions; comment, par exemple, la *bile* fe fépare dans le foie, l'*urine* dans les reins, le *fuc gaftrique* dans les glandes de l'eftomac. Les uns, avec *Borelli*, mettent dans chaque glande un *ferment* ou *levain* particulier, prêt à communiquer aux fluides qui y abordent, la qualité qui leur eft propre. D'autres, après *Winflow*, ont recours à une efpece de duvet, *tomentum*, qui ne laiffera paffer & filtrer qu'une liqueur analogue à celle dont il aura été originairement imbibé. Ceux-ci font des vaiffeaux fecrétoires, comme autant de cribles ou de filtres particuliers, dans lefquels la figure des trous répond à la figure des liqueurs qu'ils doivent féparer : ceux-là enfin, aux vaiffeaux fecrétoires, dans lefquels les orifices doivent être différens pour les glandes différentes, ajoutent encore des vaiffeaux collatéraux, dont le diametre va toujours décroiffant, dans lefquels, par conféquent, peuvent fe faire continuellement de nouvelles fecrétions, qui ne laifferont enfin, dans chaque réfevoir, qu'un fluide d'une même efpece.

3°. Quant à la nutrition, l'expérience de *Van-Helmont*, fur une branche de faule, & la maniere dont croiffent les plantes, peuvent aider à concevoir comment, dans le fang & dans la

B

lymphe feule, peut fe trouver tout ce qui eft néceffaire à la formation & à l'entretien de toutes les parties folides du corps.

4°. Veut-on concevoir le méchanifme de la digeftion, il faut d'abord connoître les divers inftrumens que notre corps met en ufage pour cette importante fonction. Nous avons donc jetté un coup d'œil fur la ftructure de l'œfophage, de l'eftomac & des inteftins, fur celle du méfantere, des veines lactées, du pancréas d'Afellius, des veines lactées fecondaires, du réfervoir de Pecquet, & enfin du canal thorachique, qui vient fe décharger dans la veine fous-claviere gauche : puis, nous avons vu les principaux fyftêmes qu'on a imaginés ici, comme par-tout ailleurs.

Les uns, avec Hyppocrate, faifoient autrefois de notre eftomac un ventre pourriffant ; d'autres depuis, & fur-tout M. Aftruc, croyant reconnoître dans la digeftion les phénomenes qu'on obferve dans la fermentation de la pâte & du moût, ont recours à la bile, aux fermentations, macérations & précipitations chymiques ; d'autres au contraire, avec Pitcarne & le célèbre Hecquet, perfuadés que l'eftomac eft une meule philofophique & animée, qui agit fans éclat, opere fans violence & remue fans douleur, prétendent que les dents, l'œfophage & l'eftomac fe fuccedent mutuellement, pour opérer une trituration parfaite, & convertir les alimens en une crême fine & délicate : d'autres encore embraffent un fyftême, que nous pouvons appeller mixte, puifqu'ils admettent une efpece de fermentation, une altération fpontanée des alimens, une trituration légere, une vraie coction, un amolliffement, une diffolution occafionnée par les fucs digeftifs.

On a imaginé, de nos jours, un autre fyftême chymique fur la digeftion : on y prétend que les parties alimentaires préexiftent dans les alimens que nous prenons ; qu'elles y font contenues comme un extrait, comme la réfine l'eft dans le bois, comme le métal dans fa mine, & qu'ainfi la digeftion confifte uniquement à féparer, par un menftrue approprié, les fucs nourriciers d'avec ceux qui ne le font pas. Quoi qu'il en foit de ces fyftêmes, il eft fûr, d'après les expériences de M. de Réaumur, que tous les eftomacs ne digérent pas de la même maniere, & que celui de l'homme le fait par une vraie diffolution ; delà, la néceffité des fucs falivaires & d'une lente maftication, fi l'on veut éviter les digeftions difficiles & laborieufes, & prévenir les accidens les plus fâcheux.

Par tout ce que nous venons de dire, nos alimens ne font encore convertis qu'en un bouillie très-fine : cette bouillie, mêlée avec la bile & le fuc pancréatique, qui fe déchargent dans le duodenum, reçoit de nouveaux degrés de perfection, en paffant par les couloirs qu'elle rencontre le long des inteftins : elle mérite ici le nom de chyle. Le chyle, efpece d'émulfion animale, eft une liqueur onctueufe, fans odeur, fans faveur, d'un blanc laiteux, qui ne perd fa couleur & fes propriétés, que lorfqu'elle s'eft enfin rendue dans la veine fous-claviere, & que, mêlée dans la maffe totale du fang, elle a paffé plufieurs fois par le cœur & par les poumons.

5°. La refpiration comprend deux mouvemens, l'infpiration & l'expiration. D'où vient la premiere infpiration ? c'eft ce que nous ignorons. Rendons-nous, par l'expiration, autant d'air que nous en avons infpiré ? plufieurs expériences & l'analogie font croire que non. Quels mufcles produifent alternativement l'infpiration & l'expiration ? le dentelé fupérieur-poftérieur, les furcoftaux & le diaphragme d'une part, & de l'autre, les intercoftaux, les triangulaires du fternum, & les deux dentelés inférieurs. Quel eft l'organe de la refpiration ? le poumon, vifcere d'un volume très-confidérable, divifé en deux parties par le médiaftin, & ces parties ellesmêmes fous-divifées en lobes fupérieurs & lobes inférieurs : ces lobes font compofés d'une infinité de petits lobules, & d'un tiffu cellulaire qui les entoure : chaque petit lobule eft fousdivifé en une infinité de petites cellules d'inégale grandeur, & de figure affez irréguliere, qui communiquent entr'elles, & avec un petit vaiffeau capillaire bronchique. Obfervez ici que les tuniques de la trachée-artere, étant arrivées, à la quatrieme vertebre du dos, fe divifent en deux branches, & que ces branches, à leur entrée dans le poumon, fourniffent, en tout fens, cette multitude de rameaux capillaires dont nous venons de parler. Le tiffu cellulaire, qui envelope les lobules du poumon, eft formé en réfeau, principalement par l'expanfion de l'artere & de la veine pulmonaire ; car on y remarque encore l'artere & la veine bronchiale. Ce réfeau admirable, après s'être répandu dans toute la fubftance du poumon, s'épanouit fur la surface de ce viscere. On peut concevoir maintenant de quelle maniere s'exécute la respiration, & ce que devient une grande partie de l'air que nous inspirons ; par conséquent encore, quels sont les effets de l'air sur l'économie animale. Nous n'indiquerons que les principaux. Un des premiers, sans doute, est de diviser, d'atténuer & de mêler plus intimement les différentes humeurs qui entrent dans la composition du sang, &, par conséquent, de l'améliorer. Le second est de rafraîchir la masse du sang, qui, à son entrée dans le poumon, a dû acquérir un degré de chaleur beaucoup au-delà de celui qui lui est nécessaire.

Nous ne nous sommes jamais proposé un cours entier d'Anatomie, c'est pourquoi nous avons terminé nos connoissances en ce genre, par une courte description du *cerveau*, du *cervelet*, de la *moëlle allongée* & de la *moëlle épiniere* ; par l'énumeration des nerfs de la premiere & de la seconde classe ; enfin, par l'examen des organes de nos sens, qui ont le plus de rapport à la Physique. Nous sommes donc en état de faire voir que l'*œil* est une vraie lunette acromatique ; que le *larinx* renferme un instrument à vent & à cordes ; & l'*oreille*, un clavessin parfaitement assorti.

DE LA CHYMIE.

I.

L A Chymie est une science expérimentale, qui a pour objet la connoissance des principes & des propriétés de tous les corps de la nature, leur analyse ou décomposition, & les diverses combinaisons qu'on peut faire de ces corps ou de leurs principes, les uns avec les autres, pour former de nouveaux composés. La Chymie est donc une partie essentielle & fondamentale de la Physique. On sentira l'utilité & l'excellence de la Chymie, pour peu qu'on veuille bien observer combien lui sont redevables, & combien doivent encore attendre d'elle l'Économie animale, la Médecine, l'Histoire naturelle, (a) & tous les Arts qui ne dépendent pas des Mathématiques, & qui sont cependant si utiles & même si nécessaires à la Société. (b) Pour connoître plus facilement & plus promptement les principes & les propriétés de tous les corps de la nature, nous allons examiner d'abord les substances les moins composées, le *Feu*, l'*Air*, l'*Eau*, la *Terre*, les *Sels*, le *Soufre*, les *Métaux* …. & delà nous nous éleverons, si le temps nous le permet, à la connoissance de celles qui le sont davantage. La Chymie n'est point encore assez avancée, pour décider si l'on doit metre, ou non, au nombre des *principes primitifs*, des *élémens* proprement dits, le *Feu*, l'*Air*, l'*Eau*, & la *Terre*. Voyons du moins ce que nos sens & les observations des plus habiles Chymistes (c)

(a) Tout recemment encore à Paris le College des Apothicaires vient de reprendre en son Jardin, rue des Arbalêtes, le cours de Chymie qu'il y professoit autrefois. Il y a ajouté un cours de Pharmacie & d'Histoire naturelle. On peut donc dire que la Chymie est actuellement en France autant & plus qu'en Allemagne & en Angleterre la science en faveur. On compteroit facilement dans Paris une douzaine de cours de Chymie particuliers, outre cinq grands Cours publics qui sont sous la protection immediate du Ministere & à chacun dequels assistent presque toujours 4 à 500 Auditeurs. Eh ! quel Physicien, quel Amateur en effet pourroit se refuser au plaisir d'aller entendre MM. Macquer & Rouelle, M. d'Arcet M. Bucquet, M. Perhile, MM. Marchy, Mittouard, Broignard &c. M. Sage, MM. Baumé, Cadet, Fourcy, Parmentier, Laplanche & plusieurs autres, dont les noms très connus & tres dignes de l'être ne se presentent pas maintenant à ma mémoire ?

(b) De ce nombre sont spécialement l'art de préparer & de mêler les médicamens dans la pharmacie ; l'art de découvrir, d'essayer & d'exploiter les mines ; celui d'allier, de séparer & d'affiner les métaux dans l'orfevrerie, dans les monnoies, dans l'acierie, enfin dans la métallurgie ; l'art de faire des poteries de toute espece ; de composer des verres, des crystaux, des émaux, des faiances, des porcelaines, d'imiter les pierres précieuses ; …. l'art de préparer des couleurs de toutes les nuances, & de les appliquer, le plus solidement qu'il est possible, dans la *teinture*, dans la *peinture* ; l'art de faire & de conserver les vins, les bieres, les vinaigres, de distiller les esprits ardens, de composer les essences, les parfums, les eaux spiritueuses, les élixirs ; de faire l'or potable de Stahl, celui de Mlle Grimaldi ; …. l'art de faire & de raffiner le sucre ; celui de fabriquer les savons ; l'art de tirer des pyrites & des mines l'arsenic, le soufre, le vitriol, l'alun : …. de préparer le vert-de-gris, le sel ammoniac, l'huile de vitriol, le safre, le bleu d'azur, le bleu de Prusse, la céruse, le minium ; …. l'art de fabriquer la poudre à canon ; de faire le pyrophore, le phosphore d'urine ; …. enfin, l'art lui-même d'améliorer les terres.

(c) Il est ici pour nous un devoir bien doux à remplir, c'est celui de réconnoître que nos éleves doivent, cette année, tout ce qu'ils savent de Chymie aux talens, aux soins, au zele tout patriotique de M. d'Hervillez Docteur en Médecine & de M. l'Apostolle Me. en Pharmacie, dans le *Cours de Chymie expérimentale, raisonnée & appliquée aux Arts*, que ces habiles Chymistes ont la générosité de faire à leurs propres dépens, dans une des salles de MM. les Jacobins. Puisse la maniere dont nos éleves répondront sur toutes les parties de cette science annoncer la clarté, la précision & l'intérêt qui regnoient constamment dans les leçons qu'ils ont recues, & faire ainsi la noble récompense des travaux de leurs dignes Maitres.

Si nos vœux sont remplis, mille actions de graces en soient encore rendues à Mgr. le Comte d'Agay, Intendant de Picardie, qui en protégeant dans Amiens un *Cours public de Chymie*, procure à la Ville un nouveau genre de bienfaits dont les amateurs sentent deja tout le prix avec nous, & une nouvelle source d'instructions, dont les Artistes & la Province toute entiere, retireront dans peu des avantages inestimables.

nous ont appris fur les propriétés de ces fubftances. Nous les fuppoferons ici dans le plus grand degré de pureté où l'on puiffe les avoir.

I I.

DU FEU.

LE Feu pur & libre, tel que le fourniffent les rayons du foleil, le choc du bricquet, le frottement rapide de deux corps combuftibles l'un contre l'autre.... eft une fubftance matérielle, extrêmement fubtile & déliée, toujours en mouvement, la feule peut-être qui foit fluide de fa nature, & en ce cas, vraie caufe de la fluidité, plus ou moins grande, de tous les corps & de l'air lui-même. Chaleur, lumiere, dilatation fur-tout, & raréfaction tant des fluides que des folides.... fufion, combuftion;.... effets naturels du feu affez connus, & qui le rendent, dans la Chymie, Agent auffi univerfel qu'il l'eft dans la nature. Mais la matiere du feu eft-elle homogene? eft-elle pefante? exifte-t-elle par-tout? y en a-t-il toujours un égale quantité fur la terre? Comment fe fait l'acte de combuftion? comment fe propage-t-il? toutes queftions, pour la folution defquelles il faudroit au moins connoître parfaitement L'acidum pingue de Meyer, L'acide phofphorique de M. Sage, le phlogiftique de Sthaal. Celui-ci principe des odeurs & des couleurs, toujours de même nature, de quelque matiere qu'on le retire, eft, fi l'on en croit Boerrhaave & Sthaal, la matiere elle-même du feu élémentaire, combinée vraifemblablement avec une terre très-fubtile, qui le fixe, & qui le rend alors très-propre à entrer, comme principe, dans la compofition d'une infinité de corps, auxquels il donne la propriété d'être inflammables. En vain effayeriez-vous de retenir pur, & fans mêlange le phlogiftique; vous ne le verrez fixé nulle part, dans un état de pureté plus grande que dans les charbons, dans les métaux, dans le foufre, dans l'efprit-de-vin. Redoutez ici un phlogiftique plus pur, plus abondant & plus libre, je veux dire, les vapeurs très-volatiles & non-enflammées, qui s'exhalent quelquefois des corps combuftibles; celles qui fe dégagent des matieres qui fubiffent ou la fermentation fpiritueufe, ou la putride; celles enfin qui circulent dans les mines, & dans les lieux fouterreins. Défiez-vous donc de la vapeur invifible, & fi fouvent mortelle, qu'exhalent le foufre, le charbon, la braife, une lampe enfin allumée ou éteinte dans de petits endroits trop exactement fermés. Si la vapeur vous a faifi, & qu'il en foit temps encore, qu'un ami charitable vous porte promptement au grand air, & vous faffe refpirer force vinaigre.

I I I.

DE L'AIR.

L'AIR, cet immenfe océan, réceptacle univerfel de toutes les exhalaifons de la terre qui eft tout-à-la-fois le véhicule du fon, celui des odeurs, l'ame, en quelque forte, du feu, & un principe continuellememt néceffaire à la vie des animaux, à la végétation des plantes, l'Air eft une fubftance diaphane, pefante, élaftique, capable de condenfation & de raréfaction homogene peur-être, & peut-être auffi fluide par elle-même. Autant eft néceffaire à la vie & à la fanté de l'homme un air libre & frais, ou légèrement humide, autant lui eft contraire un air trop fec & trop chaud, & fur-tout celui qui, renfermé dans un petit efpace, ne circule pas librement. Gardez-vous donc d'entrer fans précaution, dans des foffes fouterraines trop long-temps fermées. Fuyez ces cabinets trop refferrés, ces alcoves trop enfoncées, ces lieux d'affemblée aujourd'hui, fi fort à la mode, où l'on ne refpire qu'un air chaud & infect, chargé des vapeurs de la tranfpiration; vapeurs d'autant plus pernicieufes, (a) qu'elles font plus condenfées dans un petit endroit hermétiquement fermé, & qu'on les refpire plus long-temps. C'eft pour corriger un air à-peu-près femblable, qu'on a imaginé, de nos jours, le

____

(a) Les nouvelles experiences fur l'air fixe que l'on doit au docteur Prieftley, a Mr. Lavoifier, a Mr. le Duc de Chaulnes, nous mettent en état de démontrer d'une maniere fenfible la vérité de toutes ces affertions & de faire voir, a un millieme près, de combien l'air d'une Salle de compagnie, l'air d'une chambre de malade, l'air d'un hopital, l'air d'un canton tout entier eft plus ou moins falubre que l'air d'une autre Salle de compagnie, d'une autre &c,

Ventilateur , machine dont on ſetrouve très-bien dans les hôpitaux , & dans les navires où l'on en fait uſage.

I V.
DE L'EAU.

L'EAU parfaitement pure eſt un corps incompreſſible, tranſparent, ſans couleur, ſans odeur, ſans ſaveur, probablement ſolide & homogene, mais auſſi très-fuſible & très-volatile. A cauſe de cette derniere propriété, l'eau, quand elle eſt chauffée à l'air libre, eſt incapable de recevoir un degré de chaleur, ſupérieur à celui qu'elle a, lorſqu'elle bout à gros bouillons. Perſonne n'ignore les effets du digeſteur de Papin, des pompes à feu , de l'Éolipyle. Ces effets prouvent l'extrême chaleur & l'extrême dilatabilité , dont eſt ſuſceptible la vapeur de l'Eau contenue dans un vaſe exactement fermé. Delà, les exploſions terribles, les accidens funeſtes auxquels ſont expoſés ceux qui verſent des métaux fondus dans des moules, où ſe trouve la plus legere humidité. L'eau, & il en eſt de même de l'air, entre, comme principe conſtituant, dans la compoſition des végétaux & des animaux. Elle contribue à la formation des métaux, & n'entre aucunement ou que très-peu dans leur compoſition. Ainſi que l'air, elle eſt toujours chargée de parties étrangeres. Delà , les eaux crues, les eaux ſalées, les eaux minérales. L'eau la plus pure, & ſans doute la plus ſaine, eſt celle des rivieres (b) La voulez-vous dans un degré de pureté plus grand encore ? Faites la diſtiller avec l'attention ordinaire aux Chymiſtes.

V
DE LA TERRE.

LA Terre, la plus homogene, la plus élémentaire, eſt ſelon toute apparence, la matiere elle-même du diamant & du cryſtal parfaitement net, tranſparent & ſans couleur. Cette terre eſt la plus peſante, la plus dure, la plus infuſible, que l'on connoiſſe ; on la croyoit auſſi la plus fixe & la plus apyre de toutes ; mais les expériences encore récentes de MM. d'Arcet, Macquer, Roux, Baumé, Rouelle, Mittouard, &c. ſur des diamans de toute eſpece, font voir qu'on étoit dans l'erreur à cet égard. Exiſte-t-il, dans la nature, deux eſpeces differentes de terre ? C'eſt ce que l'expérience apprendra peut-être un jour. En attendant, les Chymiſtes continueront de diviſer les terres en *terres vitrifiables* & en *terres calcaires*. Les terres vitrifiables ſont en maſſe, ou en pouſſiere plus ou moins groſſiere. Celles-ci ſont les ſables qui varient à l'infini, tant par leur couleur que par leur groſſeur. Les terres vitrifiables en maſſe ſont ou des pierres cryſtalliſées ; 1°. tranſparentes & ſans couleur, le diamant & le cryſtal de roche ; 2.°. opaques en totalité ou en partie ; 3°. colorées par des matieres phlogiſtiques ou métalliques, comme les topazes, ſtras, opales, girafols, rubis, grenats, émeraudes, hyacinthes ; ou des pierres non cryſtalliſées, que l'on trouve en maſſe irréguliere ; tels ſont les cailloux, les quarts, les grais..... Les terres & les pierres vitrifiables , lorſqu'elles ſont pures, n'ont ni odeur ni ſaveur ; elles ſont indeſtructibles à l'air, à l'eau & au feu : elles peſent plus que les liqueurs , & leur dureté eſt aſſez grande pour faire feu contre l'acier ; c'eſt par-là qu'on les diſtingue des terres & des pierres calcaires. Celles-ci ſont tendres & ſe laiſſent facilement entamer par la pointe du couteau ; & la plupart s'imbibent d'eau lorſqu'on les y plonge. Les unes ſont en maſſes irrégulieres ; leur caſſure eſt à grains plus ou moins poreux, à-peu-près ſemblable à celle du ſucre ; de ce nombre ſont le moëlon, les marbres blancs & colorés, les craies..... Les autres quoique proprement calcaires & abſorbantes, parce qu'elles ont été cryſtalliſées par l'eau, ont des facettes brillantes, ſont demi tranſparentes, compactes, très denſes, ne ſe laiſſent point pénétrer par l'eau, en un mot, ont toute l'apparence des terres vitrifiables ; telles ſont l'albâtre & le ſpath calcaires.... Les ſtalactites, les coquillages, les coques d'œufs ſont encore des terres abſorbantes & calcaires. Toutes les terres & les pierres de

---

(b) C'eſt ce qu'on verra démontré d'une maniere ſatisfaiſante dans la *Diſſertation Phyſique, Chymique & Economique ſur la nature & la ſalubrité de l'eau de la Seine, par M. Parmentier, &c.* On lira cette Diſſertation, très-bien faite à tous égards, avec autant de profit que de plaiſir , dans le Journal intereſſant de Mr. l'Abbé Rozier, mois de Février 1775.

ce genre, lorsqu'elles font expofées à la violence du feu, y perdent prefque toute leur eau, & par conféquent beaucoup de leur poids, deviennent friables, & fe convertiffent en chaux vive, ce qu'on peut répéter autant de fois qu'on le juge à propos. Nous traiterons ici de l'*air fixe* des Anglois, de l'*acidum pingue* des Allemands, & de l'acide phofphorique de M. Sage. (a) Verfez de l'eau fur de la chaux, vous ferez fucceffivement ce qu'on appelle la *pâte*, le *lait*, *l'eau* & la *crême de chaux*. Cette crême eft une fubftance falino-terreufe, qui s'eft formée pendant la calcination, au rapport de M. Baumé, par l'addition du phlogiftique; d'où cet habile Chymifte conclut qu'on peut faire, & dit avoir fait réellement de l'alkali fixe avec une terre calcaire, & fuffifante quantité de phlogiftique. La chaux, traitée avec les alkalis tant fixes que volatiles, les dénature. Elle rend ces alkalis plus cauftiques, plus fufibles, plus déliquefcens & plus propres à s'unir aux matieres huileufes. Delà, la *leffive des favonniers*, la pierre à cautere, l'efprit volatil de fel ammoniac......

VI.

DES SUBSTANCES SALINES.

ON croit maintenant, avec affez de fondement, que les principes qui entrent dans la compofition des fels, foit acides, foit alkalis, font l'eau, la terre & quelque peu de phlogiftique; dans certains auffi l'air y entre pour beaucoup. Mais d'où vient cette diverfité qu'on remarque dans les fuftances falines? apparamment de la qualité du principe qui y domine. L'illuftre Stahl a prétendu que tous les fels n'étoient fonciérement que l'acide vitriolique, plus ou moins altéré. Avoit-il tort ou raifon? c'eft ce qui n'eft point encore bien décidé. Il feroit trop long de chercher ici les différens fels que l'on connoît, & ceux que l'on foupçonne pouvoir exifter: nous le ferons de vive voix, fi on le juge à propos. Difons, en attendant, quelque chofe des acides minéraux, & de leurs propriétés.

1° Le premier & le plus univerfel de tous les acides paroît être *l'acide vitriolique*, auquel on a donné, affez mal-à-propos, le nom d'*huile de vitriol*; c'eft une fubftance faline prefque toujours liquide, fans couleur, fans odeur, mais d'une faveur extrêmement aigre, & qui agace les dents. Cet acide pefe plus que l'eau, & moins que la terre: bien loin de s'évaporer, il attire puiffamment l'humidité de l'air, il rougit facilement les teintures bleues des végétaux; acquiert, par fon mêlange avec l'eau, une chaleur égale à celle de l'eau bouillante; prend, en un inftant, une couleur brune, par l'addition des matieres huileufes, d'un brin de paille,... & devient fulfureux, lorfqu'il eft uni avec du phlogiftique actuellement embrafé: affoibli par l'eau, il s'unit avec les terres calcaires, s'en fature, & forme la félénite; avec une terre vitrifiable, avec celle, par exemple, qu'on fépare de la *liqueur des cailloux*, combiné en-deçà du terme de faturation, il forme l'argille; au-delà, il donne l'alun; & exactement faturé, il fournit un fel, dont les cryftaux font très-petits, blancs, plats, talqueux & doux au toucher, un fel enfin fans faveur, prefque indiffoluble dans l'eau, & fort reffemblant aux félénites calcaires (Obfervons ici, en paffant, qu'il y a deux fortes de criftallifations: on obtient l'une, par le *refroidiffement*, & l'autre, par l'*évaporation*. N'en pourroit-on pas encore admettre une troifieme efpece, favoir, par *fublimation*; comme il arrive, 1°. pour le fel fédatif, les fleurs de benjoin, les fels volatils... 2°. pour le fublimé corrofif, le fel ammoniac... Obfervons encore qu'il entre, dans les cryftaux falins, 1°. une eau principe du fel; 2°. une eau néceffaire à la criftallifation, & dont le fel peut être dépouillé, fans ceffer d'être fel; 3°. enfin, une eau de diffolution, qui n'eft qu'interpofée entre les cryftaux, & qu'on peut faire égoutter fur le papier gris). La félénite & l'alun fe décompofent facilement par l'alkali fixe. Celui-ci,

---

(a) Nous ne pourrons gueres encore qu'expofer les faits de part & d'autres, enoncer les théories auxquelles ils ont donné lieu, & répéter les experiences que nous avons vû faire, avec le plus grand interêt poffible, à M. Broignard Apothicaire de Paris & habile Démonftrateur de Chymie, & quelque temps auparavant à Mr. Sigaud de la Fond, Demonftrateur de Phyfique expérimentale dans tous les colleges de l'Univerfité; le digne émule de M. Nollet, & de M. Briffon de l'Academie des Sciences, & bien fait pour infpirer à fes Auditeurs le gout de la Phyfique & des Sciences, par la clarté, la methode & le fond inepuifable d'erudition, d'agrement & d'inftruction qui regnent dans toutes fes leçons.

combiné jusqu'au point de faturation avec l'acide vitriolique, donne un fel, dont les cryftaux font petits & taillés en pointes de diamant; c'eft ce qu'on appelle le *tartre vitriolé*, l'*arcanum duplicatum.* Or, cet alkali fixe, dont nous venons de parler, eft une fubftance faline, tirée des végétaux : on peut l'avoir fous une forme feche; & alors ce fel eft blanc, & n'affecte aucune figure particuliere; il attire fortement l'humidité de l'air, fe réfout en liqueur, & eft appellé quoiqu'affez mal-à-propos, *huile de tartre par défaillance.* L'alkali fixe a une faveur âcre, cauftique & brûlante; il verdit les couleurs bleues des végétaux; dans les vaiffeaux clos, il réfifte à la derniere violence du feu, fans s'élever; mais à l'air libre, il fe diffiperoit en vapeurs blanches très épaiffes, & fe diffiperoit encore plus promptement, s'il avoit un contact immédiat avec le phlogiftique embrafé. Un mêlange de fix ou fept parties de fable, & d'une feule d'alkali fixe, pouffé à un feu violent, donne tantôt du verre, tantôt du cryftal, felon que le produit qui en réfulte, eft plus ou moins pur. Le foufre eft une fubftance d'un jaune pâle & citronné, d'une odeur affez défagréable, & qui lui eft particuliere: il devient très électrique par le frottement; l'air & l'eau n'ont aucune action fur lui: & lorfqu'il eft renfermé dans des vaiffeaux clos, le feu ne peut que le fublimer en floccons, qu'on appelle *fleurs de foufre.* Depuis le célèbre Stahl, on fait, à n'en point douter, que le foufre eft un compofé d'acide vitriolique, combiné avec le principe inflammable. Mr Brandt a même découvert depuis, que la proportion du phlogiftique à celle de l'acide vitriolique eft à-peu-près de 3 à 50. Nous indiquerons de vive voix, les autres propriétés fans nombre, du foufre, du foie de foufre, du baume de foufre: nous répéterons auffi la méthode dont on fe fert pour faire du foufre tout femblable à celui que la nature nous fournit: nous y ajoûterons la théorie & la pratique du pyrophore.

2°. L'acide nitreux bien concentré eft un acide fluor, de couleur rouge, orangée, d'une odeur forte & défagréable, & d'une faveur très-aigre: il laiffe continuellement échapper des vapeurs rouges; quand il eft affoibli avec une certaine quantité d'eau, on l'appelle *eau-forte* ou *efprit-de-nitre.* Tout le monde connoît le Nitre quadrangulaire, le nitre à bafe terreufe, le cryftal minéral, le nitre alkalifé, ou par les charbons, ou fans addition, le cliffus de nitre. Veut-on avoir de l'efprit-de-nitre fumant? on peut, ou fe fervir de la méthode de *Glauber*, qui confifte à mettre, dans un ballon, deux parties de nitre en poudre, & une d'huile de vitriol, ou fe fervir d'une méthode équivalente & moins dangereufe, en diftillant un mêlange de huit à dix parties d'argille avec une partie de nitre.

Quoique l'acide vitriolique foit le plus puiffant des acides, & que, par conféquent, il décompofe le nitre, il n'en eft pas moins vrai que l'acide nitreux décompofe, à fon tour, le tartre vitriolé. On fe fert encore de l'acide nitreux, pour déphlogiftiquer & purifier l'huile de vitriol. 75 parties de nitre très-purifié, combinées avec 9 & demi de foufre, & 15 & demi de charbon, donnent ce qu'on appelle la *poudre à canon.* Les effets fi connus de cette poudre, viennent, fans doute, de fon inflammation fubite, & de la quantité de foufre nitreux qui fe forme alors. On peut rapporter à la même caufe, l'explofion bruyante que fait une autre efpece de poudre fulminante, qui réfulte d'un mêlange de trois parties de nitre, de deux d'alkali, & d'une de foufre.

3°. L'acide marin, très concentré eft un acide fluor, d'une couleur jaune citrine, d'une faveur très-aigre, d'une odeur affez agréable, tirant fur celle du fafran : il laiffe échapper continuellement des vapeurs blanches très-corrofives, & qui forment fur la peau une fenfation de chaleur : cet acide eft tiré du fel marin, qu'on décompofe, ou par l'huile de vitriol, ou par l'argille; refte alors dans la cornue, un fel de Glauber. La bafe de ce fel, ainfi que la bafe du fel marin, eft l'*alkali fixe minéral*, cet alkali, qu'on retire des cendres de la foude, du varec...... des plantes maritimes. L'acide marin, combiné avec l'acide nitreux, donne l'*eau régale* : on l'appelle ainfi, parce qu'elle eft la feule qui diffolve l'or, le Roi des métaux: elle feule auffi diffout la platine & le régule d'antimoine. Pour ne point paffer fous filence le borax, nous obferverons qu'il réfulte d'un fel neutre, appellé *fel fédatif*, qui fait fonction d'acide, & qui neutralife l'alkali marin. Les preuves de cette affertion feront auffi faciles que convaincantes.

DES SUBTANCES MÉTALLIQUES.

LES fubftances métalliques font un compofé de phlogiftique & d'une terre, qui, vraifemblablement eft propre à chaque métal; ce font les corps les plus pefans de la nature : ils font parfaitement opaques, & ont un brillant qui leur eft propre : on les divife en *métaux parfaits*, en *imparfaits* & en *demi-métaux*. Les métaux parfaits font ainfi nommés, parce qu'ils réfiftent à la derniere action du feu, fans fe décompofer : de ce genre font l'or, la platine & l'argent. Les métaux imparfaits ont plus ou moins de ductilité, ainfi que les métaux parfaits ; mais l'action du feu les altere & les convertit en chaux métallique ; tels font le cuivre, l'étain, le plomb & le fer. Les demi-métaux n'ont point de ductilité, fe calcinent & même fe volatilifent au feu : de ce nombre font le régule d'antimoine, le bifmuth, le zinc, le régule de cobalt & le régule d'arfenic. Les demi-métaux & les métaux imparfaits ont cela de particulier, qu'ils exhalent chacun une odeur qui leur eft propre : le mercure ou vif-argent mérite, par fes propriétés, de faire une claffe à part.

Nous ne finirions pas, fi nous allions parcourant toutes les propriétés qu'on a remarquées dans chacune des fubftances métalliques : il nous fuffira d'obferver les principales. Nous nous difpenferons auffi de décrire les métaux par leurs qualités fenfibles, couleur, odeur, dureté, pefanteur..... La vue, les autres fens, & quelque peu d'ufage, inftruiront mieux que ne le feroient nos defcriptions ; il n'y a que l'eau régale, l'éther, & le foie de foufre, qui aient prife fur l'or : la platine auffi n'eft diffoluble que dans l'eau régale ; &, comme elle pefe autant que l'or, on fera bien d'éprouver la diffolution d'or, en y verfant un peu de diffolution de fel ammoniac, & la diffolution de platine, en y verfant un peu de diffolution de vitriol de Mars. En cas d'alliage, il fe fera, dans la premiere épreuve, un précipité d'un très-beau jaune, & dans la feconde, un précipité brun. On fait affez combien fâcheufe eft fouvent l'explofion terrible de l'or fulminant..... Nous dirons ici un mot du procédé, felon lequel le célebre Stahl conjecture que Moïfe, defcendu de la montagne de Sinaï, brûla, réduifit en poudre, & fit boire aux Ifraélites le veau d'or qu'ils adoroient. L'acide nitreux diffout très-bien l'argent ; delà les criftaux de lune, la pierre infernale..... Dans une diffolution d'argent faite par l'acide nitreux, verfe-t-on de l'acide vitriolique ou de l'acide marin ? on aura un vitriol de lune, ou une lune cornée. Enfin, tout le monde fait que le phlogiftique ternit facilement l'argent. Le cuivre fe rouille très-facilement ; delà le verd-de-gris. Il faut que l'acide vitriolique & l'acide marin foient bouillans, pour diffoudre le cuivre. La premiere diffolution, étendue dans beaucoup d'eau, eft d'un beau bleu, & donne des criftaux rhomboïdaux, nommés *vitriol de Chypre*..... la feconde de couleur verte, & fournit des criftaux aiguillés. L'acide nitreux, même froid, & l'eau régale, diffolvent très-facilement ce métal : le premier acide fournit une diffolution de très-belle couleur bleue, & donne un fel métallique en *magma*, qui ne fe cryftallife point, & qui, à l'air libre, fe réfout en liqueur : la diffolution, faite par l'eau régale, eft d'un beau verd, & ne donne aucuns criftaux de fel. Le cuivre précipite l'argent diffout dans l'acide nitreux. Delà les Charlatans convertiffent en lames d'argent les lames de cuivre, & en lames de cuivre les lames de fer, parce que le fer a encore plus d'affinité avec l'acide nitreux, que n'en a le cuivre lui-même. Tout le monde connoît le fafran de Mars préparé à la rofée, l'æthiops martial, le vitriol verd, l'ochre, le colcothar, les boules de Nanci, & la facilité avec laquelle le fer fe diffout dans l'acide nitreux, dans l'acide marin, dans l'eau régale. Qu'eft-ce que l'acier ? Comment le trempe-t-on ? Quelle eft la pratique, quelle eft auffi la théorie du bleu de Pruffe ? Toutes queftions auxquelles il eft facile de répondre, depuis les belles expériences qu'ont faites fur le premier objet M. de Réaumur, & M. Macquer fur le fecond. L'acide marinconcentré, & aidé de la chaleur, eft le vrai diffolvant de l'étain : il perd alors fa couleur citrine, & ceffe de fumer : il fournit des cryftaux aiguillés, qu'on nomme *fel de Jupiter*. L'eau régale diffout auffi l'étain. L'acide nitreux & l'acide vitriolique le calcinent plutôt qu'ils ne le diffolvent ; ils fourniffent une chaux très-blanche, & d'une très-difficile réduction. Qui ne fait ce que c'eft que la chaux & la potée d'étain, le précipité

d'or

d'or de *Caſſius*, l'étain ſulfuré, le bronze. On peut en dire autant de la chaux de plomb, du maſſi-cot, du minium, de la litharge, du verre de plomb, du nitre ſaturnin, du vitriol de plomb, du plomb corné, de l'émail, enfin de la coupellation de l'or & de l'argent par le plomb. Le mercure a le blanc, le brillant & l'indeſtructibilité de l'argent : expoſé à un très-grand froid, il devient malléable, expoſé long-temps à un feu modéré, ſa ſurface ſe calcine, & ſe convertit en une poudre rouge, brillante, écailleuſe, que l'on nomme *mercure précipité per ſe* : diſtillé avec l'huile de vitriol, il fournit une maſſe cryſtalline & très-blanche, qu'on nomme *vitriol de mercure*. Le vitriol de mercure, étendu dans une grande quantité d'eau bouillante, ſe précipite en une poudre d'une belle couleur jaune & éclatante, qu'on appelle *turbith minéral*. Le mercure ſe diſſout facilement dans l'acide nitreux : delà on forme ſur le cuivre une eſpece d'argenture aſſez brillante, mais très-peu ſolide. Parties égales de vitriol mercuriel & de ſel marin, miſes dans un matras ſur le feu au bain de ſable, fourniſſent un des plus violens poiſons que l'on connoiſſe, le *ſublimé corroſif*. Celui-ci, trituré avec du mercure coulant, & ſublimé pluſieurs fois, donnera d'abord le mercure doux, puis enfin la panacée mercurielle. Un mélange de ſublimé corroſif & d'étain, ſoumis à la diſtillation, donne d'abord la liqueur fumante de Libavius, puis, le beurre d'étain ſolide, & au fond de la cornue, un mercure revivifié aſſez pur. En ſuivant un procédé ſemblable, on fera le beurre d'antimoine, & il reſtera, au fond de la cornue, du cin-nabre d'antimoine, ou un mercure revivifié, ſelon qu'on aura employé l'antimoine ou ſon régule. Le ſoufre & le mercure, triturés enſemble dans un mortier de verre, forment ce qu'on appelle *æthiops minéral* ; & ſublimés deux ou trois fois, donnent un cinnabre parfait. Ce cinnabre, broyé ſur le porphyre, fournit à la peinture le beau vermillon dont elle fait uſage. Le mercure s'amal-game avec l'or, pour faire la dorure en or moulu ; avec l'argent, pour faire l'argent haché, & l'arbre de Diane ; avec l'étain, pour l'étamage des glaces, & auſſi pour faire des boules qui ſervent à purifier l'eau.

L'antimoine eſt un minéral compoſé de parties à-peu-près égales de régule & de ſoufre. On obtient le régule, en faiſant fondre enſemble de l'antimoine crud, & des pointes de fer, ou en projettant par cuillerées, & à diverſes repriſes, dans un creuſet rougi au feu, un mélange fait d'antimoine, de tartre & de nitre. Si l'on fait calciner l'antimoine à une chaleur modérée, il reſte une chaux griſe, qui, pouſſée à un feu violent, ſe convertit en un verre tranſparent, & de couleur brune plus ou moins foncée, lequel pouſſé à la fuſion avec des matieres phlogiſtiques, forme du régule d'antimoine.

L'antimoine, réduit en poudre impalpable, & projetté par petite quantité dans une liqueur alkaline bouillante, forme un vrai foie de ſoufre antimonié. La liqueur, filtrée & refroidie, ſe trouble & dépoſe une poudre rouge ; c'eſt le *kermès-minéral*. . . . . Il n'y a que l'eau régale qui diſſolve le régule d'antimoine, ce qui l'a fait regarder autrefois comme un or commencé. . . . .

Le biſmuth entre facilement en fuſion. Lorſqu'il eſt vitrifié, il s'inſinue à travers les pores de la coupelle. Il peut donc, comme le plomb, ſervir à coupeller les métaux parfaits. L'acide nitreux diſſout facilement le biſmuth. Cette diſſolution étendue dans l'eau, laiſſe précipiter le biſmuth, ſous la forme d'une poudre blanche. C'eſt ce précipité ou *magiſtere* de biſmuth qui, lavé & ſéché, donne le *blanc de fard* ou *blanc de perle*.

Le zinc eſt preſque malléable : bien pénétré de feu, il donne une flamme vive, brillante & jaunâtre, & laiſſe échapper une grande quantité de floccons blancs & neigeux, qu'on appelle *laine philoſophique* ou *pompholix*. L'acide vitriolique diſſout le zinc, avec beaucoup d'efferveſcence, & donne un vitriol blanc, en cryſtaux preſque ſemblables à ceux du ſel de Glauber. Différentes pro-portions de cuivre rouge & de zinc donneront un cuivre jaune, un pinſbek, un tombac, un ſimilor, ou métal de prince. . . . . .

L'arſenic eſt une chaux métallique, qui ſe diſſout dans preſque toutes les liqueurs huileuſes, ſpiritueuſes & aqueuſes : il ſe combine facilement avec des matieres phlogiſtiques ; ſe ſublime en une ſubſtance écailleuſe, brillante & triable, qui a l'opacité, la peſanteur & le brillant métallique ; c'eſt-là le régule d'arſenic. Les acides minéraux diſſolvent aſſez mal l'arſenic & ſon régule. Le ſoufre, combiné avec plus ou moins d'arſenic, donne un réalgar rouge ou jaune. Un mélange d'arfenic & de nitre diftillé, après avoir fourni de l'acide nitreux, laiffe voir, dans la cornue, une maffe faline, qui fe diffout entiérement dans l'eau, & qui fournit des cryftaux réguliers, auxquels M. Macquer a donné le nom de *fel neutre arfenical.* Une diffolution de ce fel, verfée dans une diffolution d'argent, fait précipiter l'argent, fous la forme d'une poudre rouge briquetée. L'arfenic, combiné avec le cuivre rouge, le rend aigre & caffant, & forme le tombac blanc, il donne pareillement à l'étain beaucoup de roideur & de dureté : le difpofe en facettes d'un blanc argentin extrêmement brillant. Prefque tout l'arfenic, qui eft dans le commerce, nous vient de l'exploitation du cobalt. Le cobalt renferme beaucoup d'arfenic, du foufre & la fubftance demi-métallique, dont la terre ou chaux, nommé *faffre,* produit, lorfqu'elle eft fondue avec quantité fuffifante de fable, de cailloux & de quarts en poudre, une très-belle couleur bleue, inaltérable au feu, & qu'on emploie, avec fuccès, dans les émaux & les criftaux, pour imiter les pierres précieufes, opaques & tranfparentes, comme le *lapis-lazuli,* la *turquoife,* le *faphir,* l'*amethyfte*... Le verre bleu, fait avec le faffre ou chaux de cobalt, & des matieres vitrifiables, eft appellé *fmalt.* Le fmalt broyé forme ce que l'on nomme *azur* ou *bleu d'émail.* Le faffre, traité avec du phlogiftique & des fondans, produit un demi-métal blanc, argentin, aigre, caffant, & d'une dureté médiocre, à-peu-près comme le régule d'antimoine ; c'eft le *régule de cobalt :* M. Brandt l'a fait connoître le premier aux Chymiftes.

L'acide marin, à l'aide de la cornue & de la cohobation, vient à bout de diffoudre le régule de cobalt : cette diffolution, lorfqu'elle eft froide, paroît d'une couleur verd-pâle, & d'un beau verd céladon, lorfqu'elle eft chaude ; c'eft donc ici une véritable encre de fympathie de cobalt, cette encre, dont les propriétés font auffi curieufes que difficiles à expliquer.

VIII.

NOUS dirons quelque chofe, 1°. des pyrites & des mines, & de la maniere de les exploiter ; 2°. des eaux thermales, des eaux minérales acidules, des eaux minérales favonneufes ; 3°. des eaux falées ; & de la maniere d'en extraire le fel commun, le fel de Glauber, le fel d'epfom ; .... 4°. enfin, de la maniere de faire le falpêtre & de le raffiner. Après avoir parlé de la plupart des fubftances qui font dans le regne minéral, il eft jufte que nous paffions à celle du regne végétal. Et d'abord les végétaux font des corps organifés qui tirent de la terre les principes & les fucs néceffaires à leur formation & à leur entretien : ces principes font, entr'autres, l'air, le phlegme, la terre, le phlogiftique, les fels effentiels, les huiles graffes, les huiles effentielles, l'efprit recteur, l'efprit acide, l'alkali volatil, l'alkali fixe végétal, l'alkali fixe minéral .... Nous répondrons fur tous ces objets, ainfi que fur la nature, les principes & les propriétés des émulfions, des mucilages, des gommes, des réfines, des baumes, des bitumes, des favons, des favons minéraux, des fucs fucrés, du miel, de la cire .... Nous parlerons de l'inflammation des huiles graffes, des huiles effentielles, & de la maniere de faire promptement le favon de Starkeï. Nous donnerons une notion des trois états, ou, pour mieux dire, des trois degrés de la fermentation, & de leurs différens produits ; par conféquent, 1°. des vins, des eaux-de-vie, des efprits-de-vin, des éthers vitrioliques, nitreux & marins, de l'eau de Rabel, de l'efprit de nitre dulcifié, de l'efprit-de-fel dulcifié, des teintures végétales fpiritueufes, des vernis à l'efprit-de-vin, des eaux fpiritueufes & aromatiques ; .... puis, du tartre, du fel de Seignette, de la teinture de Mars, des boules de Nanci, du tartre émétique ; 2°. du vinaigre diftillé, de la terre foliée du tartre, ... du fel de craie, du verdet ou verd-de-gris, des cryftaux de Vénus, du vinaigre radical, de l'éther acéteux, du blanc de cérufe, du vinaigre, du fel & de l'efprit-de-Saturne ; 3°. de l'alkali volatil, ... des fels ammoniacaux, vitrioliques, nitreux & marins, ... Nous terminerons cet article, déja trop long, par l'analyfe de quelques matieres animales, & d'abord par l'analyfe du lait, de la crême, du beurre, du fromage, du petit-lait, du jaune & du blanc d'œuf ; enfuite, par celle de la chair de bœuf, des os, du fuif, de la graiffe, & enfin, par la pratique & la théorie du phofphore d'Angleterre.

PHYSIQUE EXPÉRIMENTALE.

LA Physique expérimentale, fondée fur l'obfervation & fur le raifonnement, traite des propriétés générales de la matiere, *étendue, divifibilité, figure, impénétrabilité, porofité, compreffibilité, élafticité ;* ... de la nature des fluides & des liquides ; des loix felon lefquelles les liqueurs homogenes ou hétérogenes agiffent, foit entr'elles, foit auffi avec les folides ; ... des tubes capillaies. ... de l'*air*, & principalement des propriétés, de la forme & de la hauteur de l'atmofphere terreftre ; de l'origine, de la conftruction & des ufages de l'hygrometre, (*a*) du manometre, & fur-tout du barometre ; de la nature & de l'origine des météores aériens, vents, tempêtes, ouragans, trombes ; .... de la nature & des phénomenes du fon, dans le corps fonore, dans le milieu qui le tranfmet, dans l'organe qui en reçoit l'impreffion ; de l'origine des échos fimples & poliphones, de la formation de la voix ; de l'*eau*, & fur-tout de l'origine des fontaines ; .... des eaux de la mer ; de la nature & des effets de la glace & des vapeurs ; de la marmite de Papin ; de l'origine des météores aqueux, brouillards, nuages, rofées, ferein, bruine, givre, neige, pluie, grêle, (*b*) ... de la nature & de l'origine des tremblemens de terre ; du *feu*, de la maniere dont il fe propage, des principaux moyens d'augmenter ou de diminuer fon action ; de l'origine, de la conftruction & des ufages du thermometre ; de l'origine des météores enflammés, feux folets, étoiles tombantes, éclairs, tonnerre ; des matras de Boulogne, des larmes bataviques. ....

La Phyfique expérimentale fe plaît encore à differter fur la nature & fur l'origine de la lumiere ; fur les phofphores naturels & artificiels ; fur les loix fondamentales de l'optique, de la catoptrique & de la dioptrique ; fur les effets des verres & des miroirs plans, concaves, convexes, cylindriques ; fur la conftruction & les effets du microfcope fimple & compofé, du télefcope de refraction ou de réflexion, du polémofcope, de la chambre noire, de l'optique, de la lanterne magique, du microfcope folaire ; fur les phénomenes de la vifion & des couleurs ; fur les fonctions de l'œil, fur les presbytes, fur les myopes, fur les ftrabites ; fur la nature & fur les propriétés des couleurs primitives ; fur l'origine des météores lumineux, arcs-en-ciel, parélies, parafélenes, lumiere feptentrionale ; lumiere zodiacale, aurore boréale ; fur les merveilles énigmatiques de l'aimant ; enfin, fur la nature & fur les merveilles fans nombre de l'électricité ; fur les cerfs volans électriques ; fur l'analogie du tonnerre, & de la matiere électrique ; fur les écoulemens électrifés dans les liqueurs, dans les végétaux & dans les animaux ; & quelquefois auffi fur les avantages que la Médecine peut retirer de l'électricité adminiftrée à propos pour la paralyfie, la goutte, les rhumatifmes, les vertiges ; avantages, fans doute, réels, & tout autrement certains que la tranfmiffion des odeurs, & que les *intonacatures* ou purgations électriques, &c.

(*a*) Nous parlerons auffi de l'*Hygrometre comparable* de M. *de Luc*, Phyficien - Géometre, Obfervateur éclairé, bien fupérieur aux éloges que nous effayerions de lui donner, & qui a été couronné, à fi jufte titre, par l'Académie de cette Ville en 1775, pour des vues nouvelles, fur cet inftrument météorologique, qui annonçoient véritablement l'homme de génie.

(*b*) Nous expoferons, avec plaifir, la théorie vraiment ingénieufe & vraifemblable de M. de Morveau, fur la formation de la grêle, en invitant nos Auditeurs à recourir à la differtation elle-même, qu'ils trouveront inférée dans le Journal, toujours intéreffant, de M. l'Abbé Rozier, mois de Janvier 1777, fi ma mémoire me fert fidellement.

FIN.

La précipitation avec laquelle nous avons été obligés de faire imprimer ce Programme, doit nous faire trouver grace aux yeux des Lecteurs équitables, s'ils trouvent ici peu d'ordre, quelques répétitions, beaucoup de négligence & d'erreurs, & des fautes typographiques fans nombre.

www.ingramcontent.com/pod-product-compliance
Ingram Content Group UK Ltd.
Pitfield, Milton Keynes, MK11 3LW, UK
UKHW021047120726
13693UKWH00006B/2481